Intikhab Hussain
Farooq Ahmad Tahir

Antena de matriz de reflexão reconfigurável

Intikhab Hussain
Farooq Ahmad Tahir

Antena de matriz de reflexão reconfigurável

ScienciaScripts

Cover image: www.ingimage.com

This book is a translation from the original published under ISBN 978-3-659-83022-8.

Publisher:
Sciencia Scripts
is a trademark of
Dodo Books Indian Ocean Ltd. and OmniScriptum S.R.L publishing group

120 High Road, East Finchley, London, N2 9ED, United Kingdom
Str. Armeneasca 28/1, office 1, Chisinau MD-2012, Republic of Moldova, Europe
Printed at: see last page
ISBN: 978-620-8-21070-0

Índice:

Capítulo 1 5

Capítulo 2 8

Capítulo 3 9

Capítulo 4 13

Capítulo 5 26

AGRADECIMENTOS

Antes de mais, os meus agradecimentos vão para Deus Todo-Poderoso, Misericordioso e Clemente, porque me deu a capacidade e a perseverança para realizar este trabalho. Senhor meu! Deste-me força, satisfação e alegria ao fazer esta investigação e abençoaste-me desde antes de eu ter nascido.

Estou muito grato à Comissão de Ensino Superior do Paquistão pelo subsídio de arranque para investigação no valor de 0,425 milhões de PKR para este projeto de investigação. Sem o seu apoio financeiro, esta investigação não teria sido possível.

O tema deste trabalho foi realizado no "Samar Mubarakmand Research Institute of Microwave and Millimeter-wave Studies (SMRIMMS)" da "NUST-School of Electrical Engineering and Computer Science (NUST- SEECS)", Paquistão. Aprecio muito o grande interesse do Dr. Munir Ahmad Tarar pelo meu trabalho, bem como os seus preciosos comentários e perguntas durante a realização deste trabalho. Estou grato a todos eles por proporcionarem um ambiente de trabalho saudável e amigável.

Resumo

Num grande número de aplicações de radiofrequência e micro-ondas (tanto no domínio das comunicações terrestres como por satélite) é necessária uma antena altamente direcional com um feixe médio varrido até um determinado ângulo. Para o conseguir, é necessária uma determinada iluminação de abertura com faseamento progressivo. As duas principais formas de o fazer na tecnologia antiga são os reflectores e as matrizes em fase, com as respectivas vantagens e desvantagens.

Nos últimos anos, foi efectuada uma investigação aprofundada sobre uma nova tecnologia de antena que combina as vantagens (como ganho elevado, grande largura de banda, perdas reduzidas, baixo perfil e baixo custo) de ambos os tipos de antenas, ou seja, matrizes e reflectores parabólicos, evitando os seus inconvenientes (como restrições geométricas, custo de fabrico, polarização cruzada elevada, etc.), sendo esta nova antena designada por antena reflectora. Além disso, os reflectores microstrip são mais vantajosos do que todos os outros reflectores, e a forma mais avançada destas antenas é a dos reflectores microstrip com orientação eletrónica do feixe. Nas antenas reflectoras de microstrip são utilizados elementos de remendo devido à sua compacidade, requisitos de embalagem simples, capacidades de conformação e baixo custo de fabrico.

Foi concebida uma antena de matriz reflectora impressa (microstrip) eletronicamente orientável (120mmx120mm) para orientar eletronicamente o feixe de - 8° a +8° na banda X (8-12GHz). A antena tem 64 elementos na forma de uma matriz planar. A célula unitária consiste num patch de microfita na camada superior e numa ranhura de comprimento variável actuada no plano de terra. Os díodos PIN, juntamente com os condensadores de bloqueio DC, são montados na ranhura para obter a resposta de fase desejada. Os oito elementos electrónicos (díodos PIN, neste caso) fornecem 8 estados com uma oscilação de fase de 147°. Cada estado é obtido escolhendo a polarização adequada (para a frente/para trás) do díodo PIN. Foi concebida uma antena de matriz reflectora 8x8 com estas células unitárias para uma orientação global do feixe até 16°.

Capítulo 1

1.1 Introdução e objectivos do projeto

Para os sistemas de radar e de comunicações a longa distância, a necessidade de antenas de elevado ganho é inevitável. Tradicionalmente, os reflectores parabólicos ou

foram utilizadas, mas devido à sua superfície especificamente curva, é difícil de fabricar, especialmente a frequências de micro-ondas mais elevadas. Além disso, não tem a capacidade de obter um feixe de varrimento eletrónico de grande ângulo. Por outro lado, a antena de matriz de alto ganho equipada com deslocadores de fase controláveis pode conseguir um varrimento eletrónico do feixe de grande ângulo. Mas, em geral, torna-se muito dispendiosa devido ao elevado custo dos módulos amplificadores e à complicada formação do feixe. Como resultado, um terceiro tipo de antena, nomeadamente a "reflectarray", foi desenvolvido para mitigar as desvantagens associadas ao refletor parabólico e à matriz convencional [1]. O refletor combina as vantagens potenciais do refletor parabólico e do conjunto de antenas. Já o refletor microstrip combina as vantagens potenciais do refletor parabólico e das matrizes microstrip, como mostra a figura 1.1.

Considerando que o refletor reconfigurável de microfita combina as vantagens potenciais do refletor parabólico e das matrizes em fase de microfita.

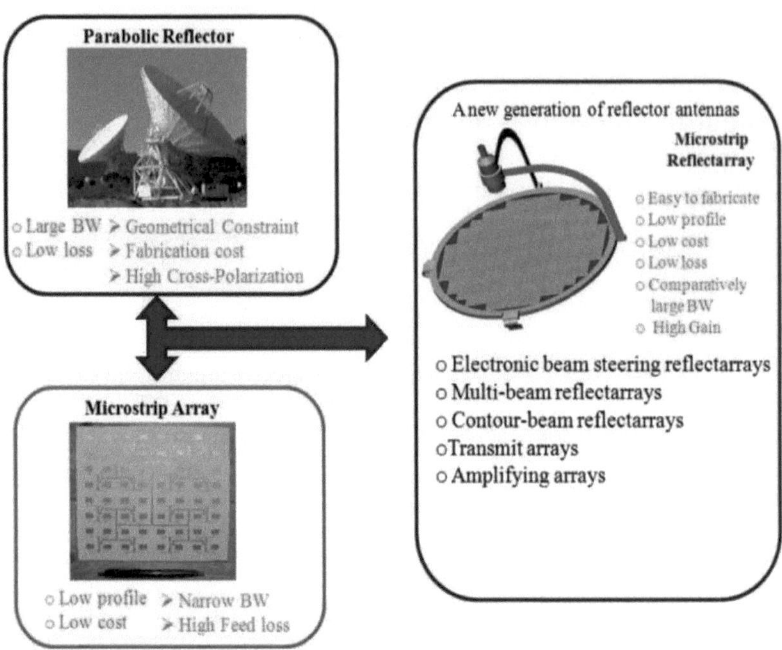

Figura 3.1: Motivação para o Microstrip Reflectarray [1, 6-7]

O objetivo deste projeto é conceber uma "Antena de Microfita Reflectora Orientável por Feixe Eletrónico de Pequena Escala utilizando díodos PIN". A Figura 1.2 mostra o Diagrama de Nível de Sistema do Sistema de Antena Ativa de Microfita Reflectora. O refletor de n elementos de microstrip patches é excitado por uma antena tipo corneta. De acordo com o requisito de orientação do feixe de A para B ou de B para A, o lóbulo principal da antena é orientado eletronicamente/reconfigurado sem qualquer movimento mecânico.

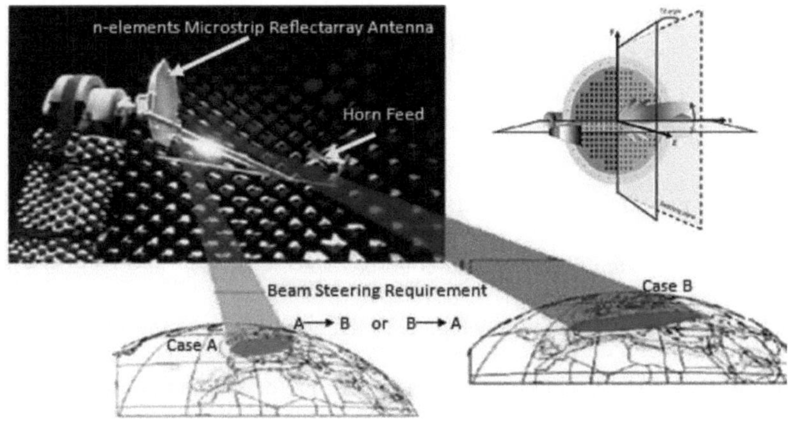

Figura 1.2: Diagrama do nível do sistema [6-7]

1.1.1 Âmbito do projeto

Neste projeto de investigação, é realizado um "Projeto Optimizado Implementado por Software" de uma Antena de Refletor Reconfigurável de Microfita com a seguinte especificação.

Ângulo de direção do feixe

- *Q* = ± 5° - ± 10° (<p=0° Plano, <p=90° Plano)

Tamanho: 4x4 ou 8x8

- (16 elementos: 60mm x 60mm; 64 elementos: 120mm x 120mm)

Banda de frequência: Banda X (8-12 GHz)

Capítulo 2

2.1 História da comunicação

O movimento mundial das comunicações sem fios prossegue a um ritmo significativo e a antena é fundamental para a sua concretização. O rádio, ou telégrafo sem fios, tem uma história de mais de um século. Os avanços ao longo do tempo, bem como as transmissões de voz, conduziram aos rádios que existem atualmente. Para poder transmitir legalmente na rádio, é necessário obter uma autorização da FCC.

2.1.1 História Antiga

No início da história das comunicações, um físico alemão chamado Heinrich Hertz descobriu pela primeira vez as ondas de rádio em 1887. O inventor italiano Guglielmo Marconi e os seus assistentes conseguiram transmitir através do Atlântico sem a utilização de fios em 12 de dezembro de 1901, o que na altura era consideradas impraticáveis. Este passo em frente na tecnologia deu lugar à comunicação por rádio e, em seguida, foram efectuados muitos avanços na comunicação sem fios.

2.1.2 Regulamentos da FCC

A Federal Communications Commission (FCC) tem autoridade para regular as emissões de rádio. A FCC certifica o que pode e o que não pode ser transmitido na rádio, e também quem pode transmitir legalmente. A FCC tem o direito de retirar a licença a uma estação de rádio se esta emitir conteúdos indecentes e desrespeitosos.

Capítulo 3

3.1 Reflectores de microfita

No passado, as antenas reflectoras utilizavam guias de ondas como elementos do conjunto. No entanto, as guias de onda ou outras antenas convencionais são relativamente volumosas e de fabrico dispendioso. Uma opção interessante é utilizar uma antena microstrip, como uma antena patch, como elementos do conjunto, devido à sua compacidade, requisitos de embalagem simples, capacidades de conformação e baixo custo de fabrico. Os reflectores de microfita podem ser facilmente montados em telhados e paredes para comunicações sem fios e radiodifusão. Por conseguinte, estão a ser muito utilizados em aplicações espaciais devido ao seu baixo perfil e facilidade de utilização.

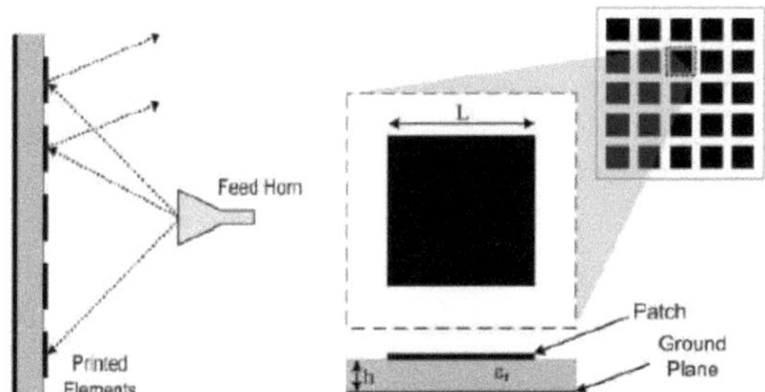

Figura 3.1: Uma antena padrão de matriz de reflexão de microfita [6-7]

Um refletor microstrip normalizado, como se mostra na figura 3.1, é constituído por uma matriz de microstrip patches impressos num substrato dielétrico finamente aterrado, cuja função é converter uma onda esférica produzida por uma alimentação, como uma antena de corneta, numa onda plana utilizando um mecanismo de faseamento adequado. Cada elemento do refletor irradia novamente a onda incidente com uma determinada mudança de fase, razão pela qual cada célula unitária do refletor microstrip é designada por "phase shifter". O objetivo deste tipo de antena consiste em obter um feixe refletido altamente diretivo, digitalizado até um determinado ângulo, sem alterar a posição da corneta de alimentação. Este ângulo é controlado pelos diferentes parâmetros geométricos da célula de deslocação de fase.

3.2 Reflectores de microfita sintonizáveis eletronicamente

Os reflectores de microfita inicialmente desenvolvidos consistiam apenas em células passivas; neste caso, a direção do feixe irradiado é fixa e a direção fixa desejada do feixe é obtida, por exemplo, utilizando manchas de tamanhos variáveis ou manchas idênticas com stubs de comprimentos variáveis ou variando a altura do substrato. Uma tendência mais recente para conceber reflectores reconfiguráveis é a utilização de células activas de mudança de fase. Para este tipo de reflectores sintonizáveis eletronicamente, o padrão de radiação não é fixo e é possível obter um controlo dinâmico da fase através da introdução de elementos de sintonização eletrónica.

Desde o momento em que o refletor de microfita foi demonstrado pela primeira vez, foram introduzidos muitos esquemas de faseamento diferentes para um refletor de microfita. Estes esquemas incluem, como se mostra na figura 3.2, manchas de microfita de tamanho variável, dipolos de tamanho variável, elementos idênticos de manchas de microfita com linhas de atraso de fase de comprimento variável com ou sem rotações angulares e manchas de tamanho variável carregadas com ranhuras de diferentes tamanhos.

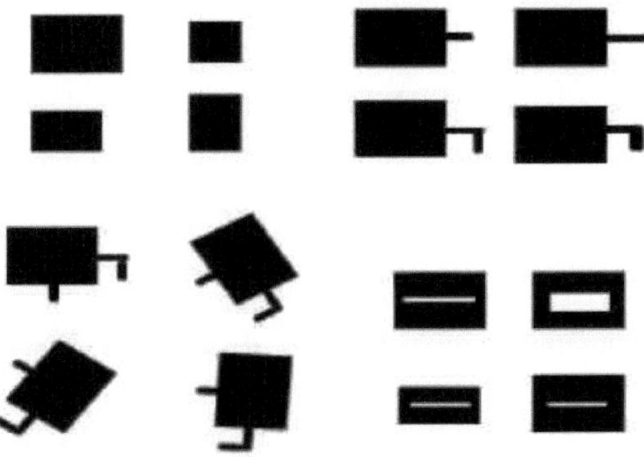

Figura 3.2: Várias técnicas de mudança de fase [1, 6-7]

Em todas as abordagens acima mencionadas, a orientação do feixe refletido (numa determinada direção fixa) é conseguida através da alteração do tamanho físico (geometria) da estrutura e/ou da orientação, pelo que o controlo dinâmico da fase não é possível com estas técnicas. É aqui que o conceito de reconfigurabilidade (orientação dinâmica do feixe) melhora a conceção de um refletor de microfita. Recentemente, foram investigadas diferentes técnicas electrónicas para a reconfigurabilidade das micro-ondas, como a utilização de díodos PIN, díodos varactor, películas finas ferroeléctricas, cristais líquidos, semicondutores controlados fotonicamente e RF-MEMS. Entre as técnicas acima referidas, a tecnologia mais promissora é a RF-MEMS, devido às suas excelentes propriedades de RF, como o baixo consumo de energia, a elevada linearidade, as baixas perdas e o elevado isolamento. No entanto, existem ainda alguns inconvenientes tecnológicos, como a necessidade de alta tensão, a fiabilidade limitada e a elevada relação de capacitância. Interruptores semicondutores como díodos PIN, díodos varactor, etc.

são uma tecnologia madura e de custo moderado que pode ser facilmente montada na superfície de reflectores de microfita.

Há uma necessidade crescente de tais antenas sintonizáveis eletronicamente, especialmente em sistemas de telecomunicações por satélite. A primeira necessidade, identificada para sistemas de satélites de órbita terrestre baixa (LEO), foi intensamente considerada durante a última década. Os feixes de varrimento são necessários para a produção de feixes pontuais fixos no solo a partir de um satélite LEO. Para os sistemas de satélites GEO (órbita terrestre geossíncrona) associados a missões comerciais, a duração de vida necessária em órbita é de 15 a 18 anos. Isto significa que a cobertura das antenas deve ser congelada cerca de 20 anos antes do fim da sua missão. Durante um período de tempo tão longo, a procura de tráfego de dados (difusão televisiva; telefone, transmissão de vídeo ou de dados, multimédia direct-to-home, etc.) está sujeita a alterações significativas. Uma antena capaz de alterar a sua cobertura em voo é, por conseguinte, muito atractiva para os operadores. A reconfigurabilidade da antena de satélite (varrimento do feixe, padrão de radiação adaptável) conseguida por matrizes em fase activas sofre de elevada complexidade, elevada massa, elevado volume e elevado consumo de energia. Estes inconvenientes restringem a sua utilização a aplicações específicas, como a vigilância terrestre ou as telecomunicações militares, e tornam-nas economicamente pouco eficientes para o mercado das telecomunicações. Novas soluções de antenas reconfiguráveis com redução drástica de custos podem surgir através da integração da tecnologia de comutadores de RF nos elementos radiantes da antena. Graças à miniaturização dos módulos electrónicos proporcionada pela tecnologia de comutação RF, torna-se possível fundir as funções electrónicas e radiantes.

Capítulo 4

4.1 Metodologia de conceção

Na conceção de uma antena reflectora reconfigurável ativa, observam-se os seguintes passos, como mostra a figura 4.1. Para além destas etapas, o sistema de antena passiva de matriz reflectora de microfita também foi concebido para investigar a direção do feixe.

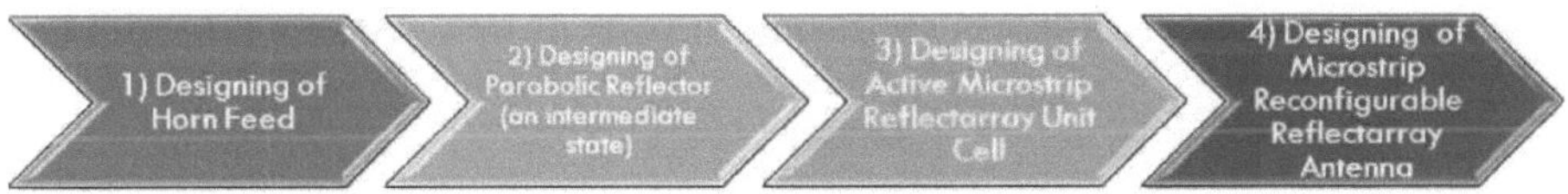

Figura 4.1: Diagrama de fluxo da metodologia de conceção

4.1.1 Alimentação (antena de corneta)

Na literatura [10], foram registados quatro tipos de antenas corneta. São elas a corneta de plano E, a corneta de plano H, a corneta piramidal e a corneta cónica. Os dois primeiros tipos de cornetas de alimentação (isto é, cornetas de plano E e H) têm um padrão de radiação em forma de leque, como se mostra na figura 4.2, mas é necessário um padrão de radiação em forma de cone para iluminar uma matriz 2D.

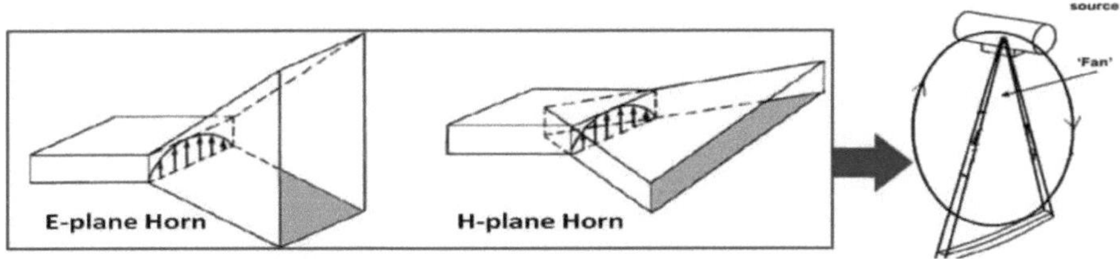

Figura 4.2: Padrão de radiação em forma de leque da buzina de plano E e H [2]

Os outros dois tipos de cornetas de alimentação, ou seja, as cornetas piramidais e cónicas, podem satisfazer o requisito do padrão de radiação em forma de cone. No entanto, é preferível conceber uma corneta cónica devido à sua baixa polarização cruzada em comparação com a corneta piramidal, como se mostra na figura 4.3.

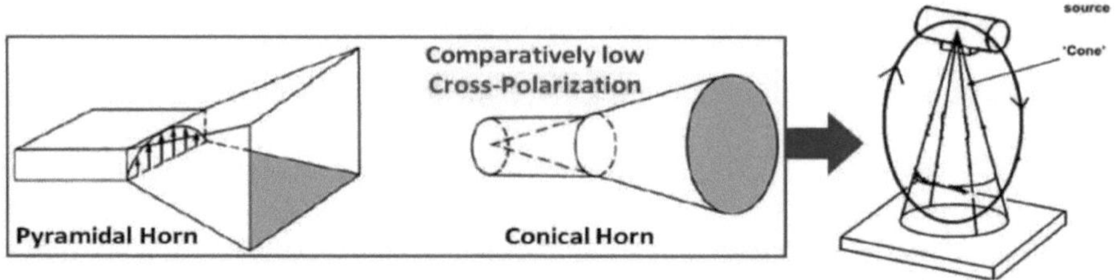

Figura 4.3: Padrão de radiação em forma de cone de uma corneta piramidal e cónica [10]

Assim, é concebida uma corneta cónica, excitada com WR-90. Utilizando as fórmulas matemáticas [10], é projectada uma alimentação. A relação entre o diâmetro, o comprimento e a directividade é apresentada na figura 4.4.

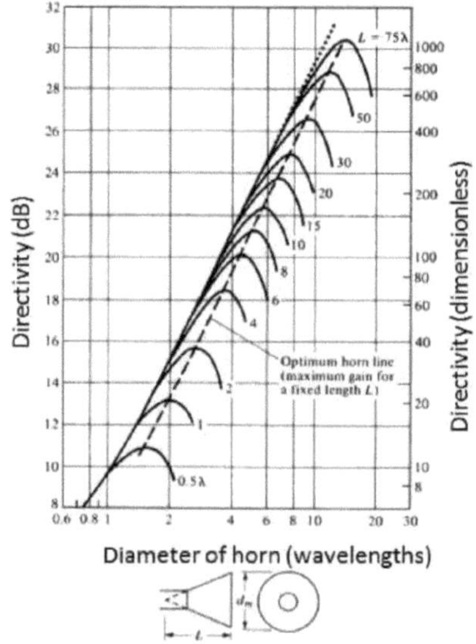

Figura 4.4: Relação entre diâmetro, comprimento e directividade para uma

corneta cónica [10]

Utilizando o gráfico acima, verificou-se que, para uma directividade de 10-12 dB, o diâmetro = 1 polegada (25,4 mm) e o comprimento = 1,4 polegada (35,56 mm). Também foi observado que no WR-90 apenas um modo se propaga na banda X, mostrado pela fórmula 1. A Figura 4.5 mostra os resultados simulados para a alimentação de corneta cónica excitada com WR-90. A alimentação projectada tem um ganho de 8,76 dB, uma largura de feixe de 60-65° (tanto no plano E como no plano H) e é linearmente polarizada (relação axial >100 dB).

$$fc_{mn} = \frac{1}{2\pi\sqrt{\mu\varepsilon}} * \sqrt{\left[\frac{m\pi}{a}\right]^2 + \left[\frac{n\pi}{b}\right]^2} \quad (1)$$

Onde,

f^c mn -^cu t ~ offfrequency ofmn - mode

μ = permissividade

ε = permeabilidade m,n = números inteiros 0,1,2,... a,b = dimensões do guia de ondas angulares Re ct

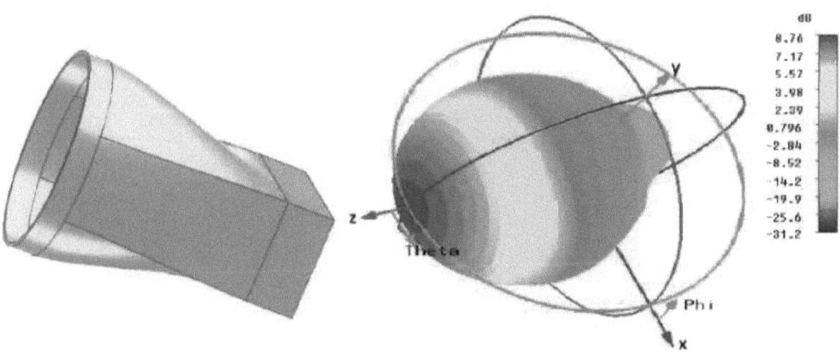

Figura 4.5: Resultados simulados da alimentação da buzina

4.1.2 Refletor parabólico (uma fase intermédia)

Um prato parabólico é concebido, como fase intermédia, para se ter uma ideia da relação entre o tamanho do prato e o ganho desejado para a alimentação concebida (como na secção 4.1.1). Ao projetar um prato parabólico, é necessário conhecer o seu diâmetro, profundidade e distância focal, como se mostra na figura 4.6. Estes três parâmetros estão relacionados pela seguinte fórmula, apresentada na figura 4.6.

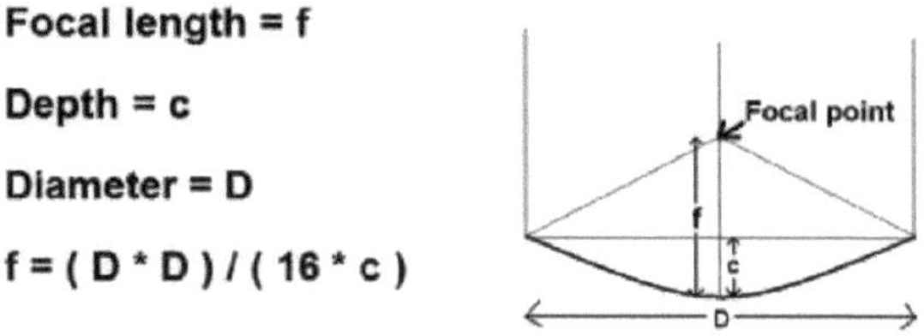

Focal length = f

Depth = c

Diameter = D

f = (D * D) / (16 * c)

Figura 4.6: Parâmetros de conceção do refletor parabólico

Para simular a antena parabólica no software, é necessário conhecer o diâmetro e a relação diâmetro-focal (f/D). Para obter um ganho de 20-25 dB, o diâmetro (D) ~ 10*comprimento de onda é determinado utilizando o gráfico seguinte, apresentado na figura 4.7.

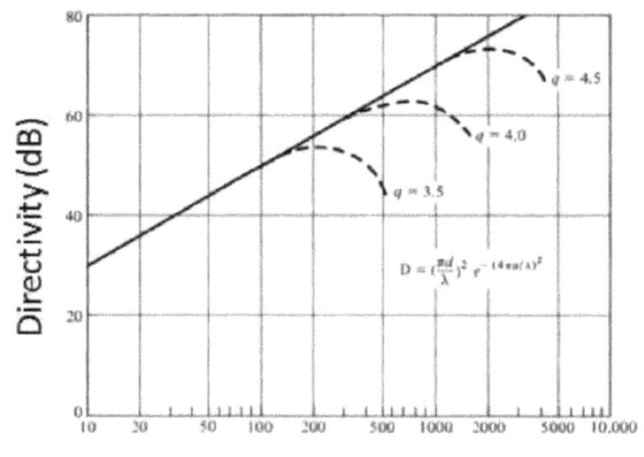

Diâmetro (comprimento de onda)

Figura 4.7: Relação entre o diâmetro e a directividade da

antena parabólica [10]

f/D está relacionado com a eficiência do prato. f/D para uma eficiência máxima é o prato mais bem iluminado pela alimentação. Para a alimentação projectada (n = 4,81), os gráficos seguintes [10], como mostra a figura 4.8, o f/D deve ser 0,56 para a eficiência máxima.

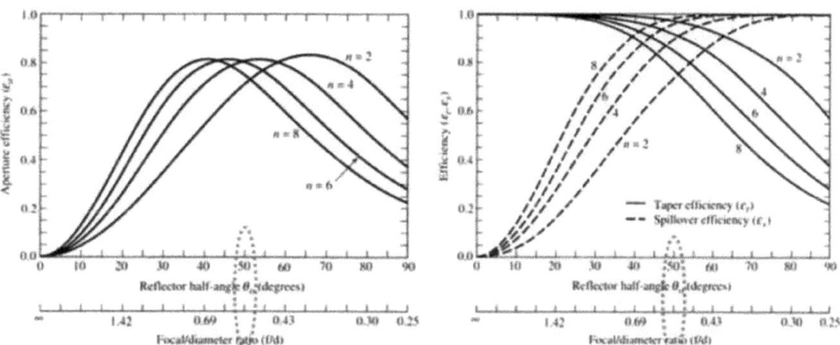

Figura 4.8: Relação entre eficiência e f/D para antena **parabólica [10]** A Figura 4.9 mostra os resultados simulados por software da antena parabólica reflectora. Para o diâmetro = 14 polegadas e f/D = 0,56, obtém-se um ganho de 27,2 dB com uma largura de feixe = 3-4° (tanto no plano E como no plano H).

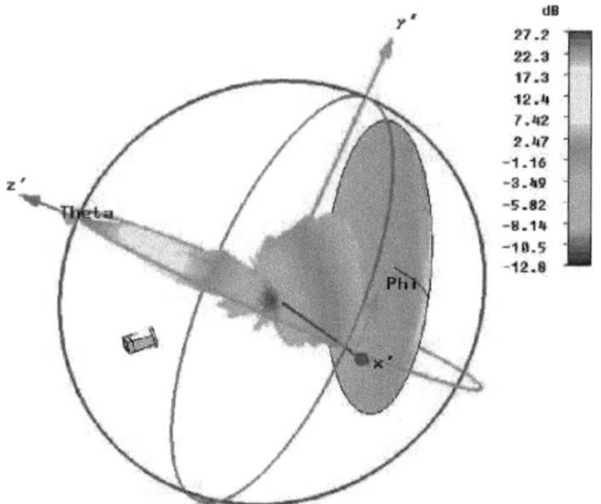

Figura 4.9: Resultados simulados do refletor parabólico

4.1.3 Matriz reflectora de microfita passiva orientável (uma fase intermédia)

Como outra fase intermédia, o refletor passivo de microfita orientável é concebido para investigar os fenómenos de orientação do feixe. Foi concebido um refletor não uniforme de 64 células [6-7], ilustrado na figura 4.10. A matriz é construída variando o tamanho dos patches apenas numa direção. À medida que o tamanho da mancha se torna cada vez maior, actua como um atraso em relação à anterior. Assim, consegue-se uma direção de feixe de 10°.

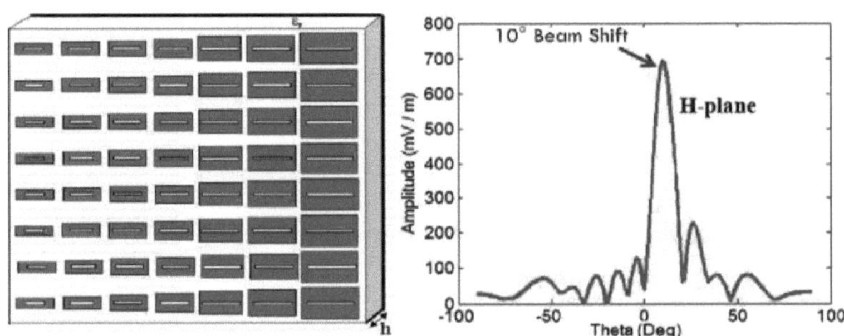

Figura 4.10: Feixe de reflexão com orientação passiva

4.1.4 Refletor ativo de microfita orientável eletronicamente (fase final)

O primeiro passo para conceber uma antena de matriz reflectora orientável por feixe consiste em conceber uma célula unitária, que pode dar uma variação de fase configurando os estados dos comutadores RF. O segundo passo é posicionar as células unitárias com fase controlada para o ângulo de direção do feixe desejado.

4.1.4.1 Conceção da célula unitária

A célula unitária projectada consiste num patch de microfita no topo do substrato e numa ranhura no plano de terra, com um díodo PIN e um condensador de acoplamento de bloqueio DC/RF, como se mostra na Figura 4.11-4.12. O foco principal do projeto com uma ranhura na placa de terra deve-se à sua vantagem de colocar os circuitos de controlo na parte de trás da placa de terra [3]. As ranhuras no plano de terra funcionam como uma carga indutiva para o patch de microfita [9]. Neste trabalho, estamos a alargar o mesmo conceito com díodos PIN. Ao mudar o estado destes interruptores, o tamanho da ranhura é alterado. Assim, foi alcançada uma amplitude de fase de 147°. Uma gama de fase mais elevada de 170° é obtida através da inserção de quatro díodos PIN com um menor número de estados possíveis. Devido ao maior número de estados possíveis e à direção contínua do feixe, foram utilizados oito díodos PIN numa célula unitária.

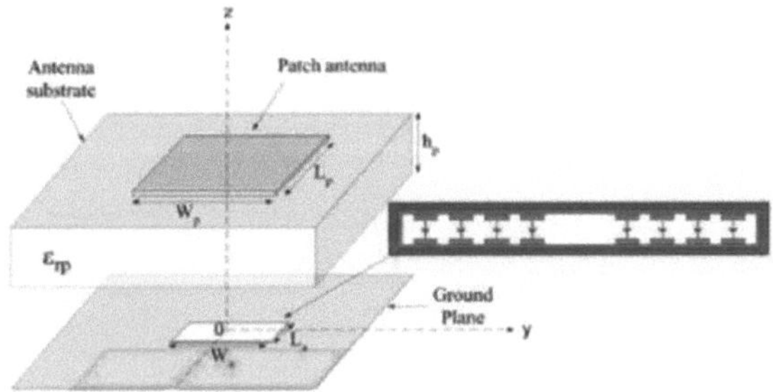

Figura 4.11: Vista alargada da célula unitária

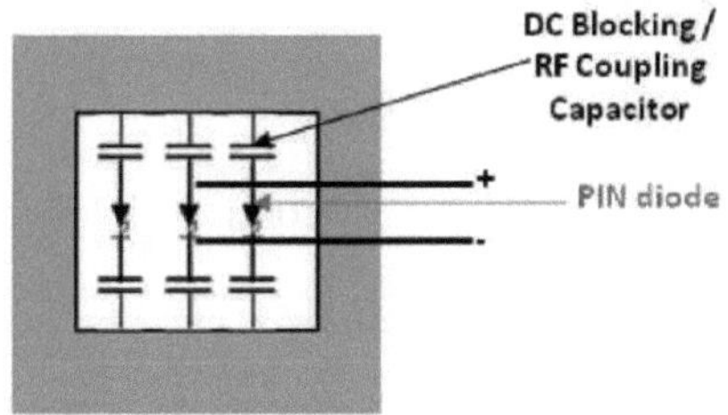

Figura 4.12 Conceção da célula unitária

Os condensadores de bloqueio DC/acoplamento RF foram utilizados para resolver o problema da polarização. Para verificar o funcionamento do díodo PIN no projeto sugerido, foi simulado o seguinte circuito apresentado na Figura 4.13. O DIODO PIN_1 está desligado e o DIODO PIN_2 está ligado. Estes condensadores de bloqueio ajudam a não afetar a tensão de polarização de um díodo para o outro.

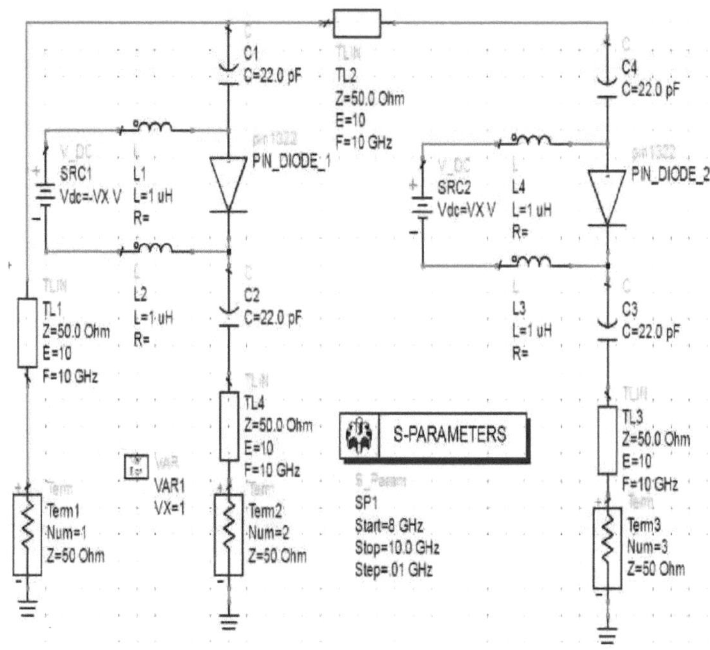

Figura 4.13 Prova de conceito do funcionamento do díodo PIN

A Figura 4.13 mostra os resultados simulados do circuito acima apresentado. A fase positiva de S21 e a fase negativa de S31 confirmam que o PIN_DIODO_1 está desligado e o PIN_DIODO_2 está ligado. Assim, confirma-se o funcionamento pretendido.

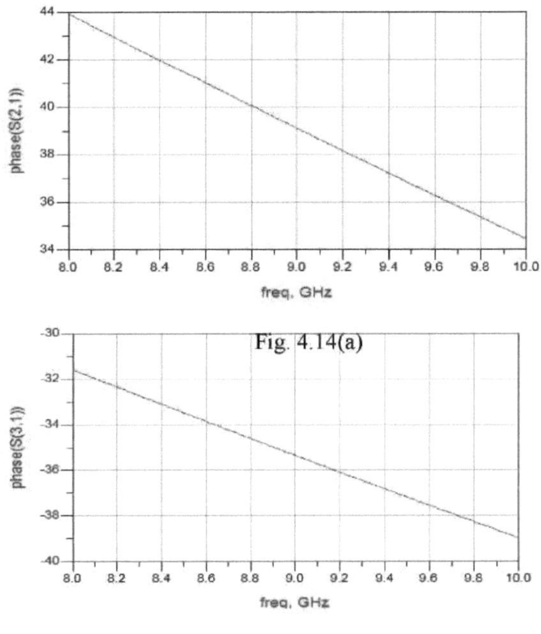

Fig. 4.14(a)

Fig. 4.14(b)

Figura 4.14 Resultados simulados que asseguram a solução de polarização do projeto de célula unitária sugerido (a) fase de s_{21} (b) fase de s_{31}

A condição de fronteira de célula unitária (considerar também as células unitárias vizinhas) foi utilizada para incluir o acoplamento mútuo entre as células vizinhas nos cálculos de fase, como se mostra na Figura 4.15. Tal como referido em [4], foi utilizado um circuito equivalente para o díodo PIN (ou seja, resistência para o estado ligado e capacitância para o estado desligado).

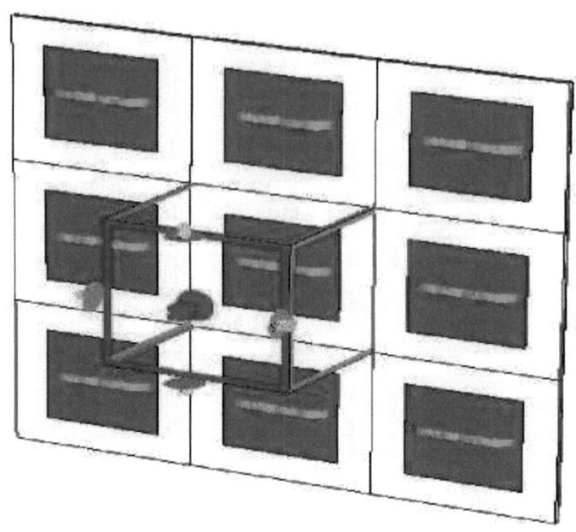

Figure 4.14: Condições de fronteira da célula unitária

Observou-se que, para diferentes configurações (de 1111 1111 a 0000 0000), o gráfico de fase do coeficiente de reflexão apresentado na Figura 4.16 se desloca da direita para a esquerda. Também foi investigado que esta variação de fase só é possível quando o campo E excitado é paralelo aos díodos PIN.

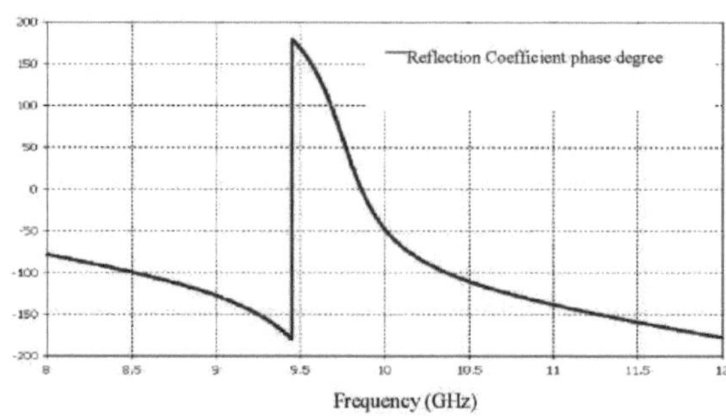

Figura 4.16: Fase do coeficiente de reflexão

4.1.4.2 Conceção da antena de matriz de reflexão

A etapa final da metodologia de projeto consiste em posicionar as células unitárias com a fase prescrita para o requisito específico de direção do feixe. Uma antena reflectora ativa 8x8 (Horn Feed Incident) foi concebida para um ângulo de orientação do feixe de 8° com f/D=1, como se mostra na figura 4.17-4.18. Para ignorar o mascaramento Para evitar o efeito da alimentação em corneta, foi utilizada uma alimentação em offset para o refletor. A antena de matriz reflectora concebida é simulada para dois ângulos de alimentação diferentes (5°, 20°). A figura 8 mostra o gráfico de ganho (plano 0=90°) do refletor 8x8 para um ângulo de orientação do feixe de 8° e um ângulo de alimentação deslocado de 5°. A figura 4.19(a) mostra o gráfico de ganho quando não se aplica o algoritmo de orientação do feixe, enquanto a figura 4.19(b) mostra o gráfico de ganho após a aplicação do algoritmo de orientação do feixe. Obteve-se uma direção do feixe de 8°. Devido ao menor ângulo de alimentação, observa-se um nível de lóbulo lateral mais elevado. Para reduzir os níveis dos lóbulos laterais, o mesmo refletor é inclinado para um ângulo de alimentação de 20° com o mesmo algoritmo de orientação do feixe.

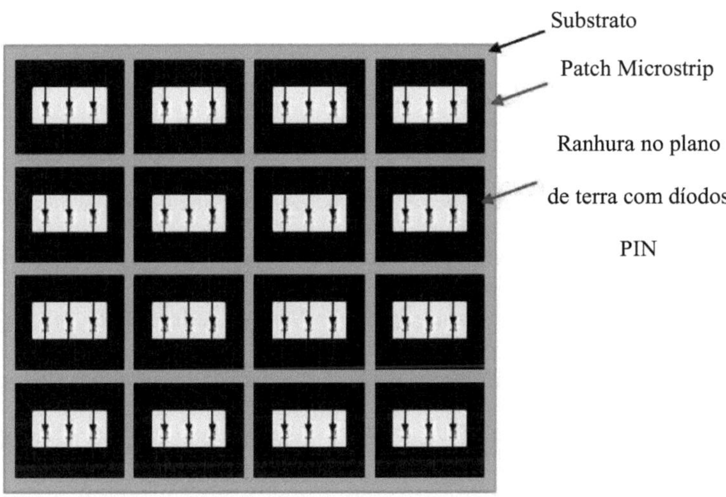

Figura 4.17 Vista frontal do feixe de reflexão ativo de 16 células

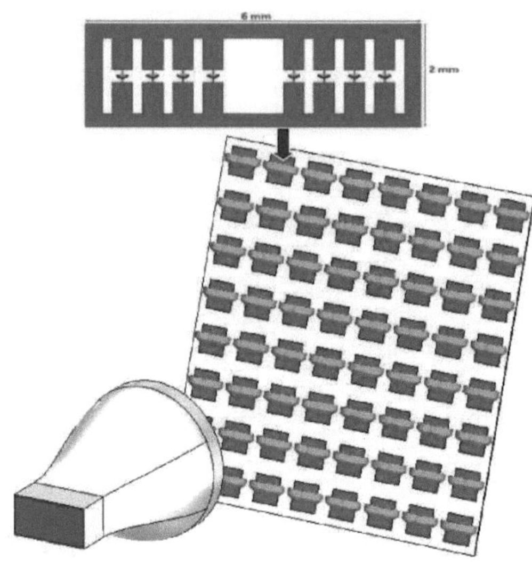

Figura 4.18: Antena reflectora ativa 8x8 (alimentação tipo corneta incidente)

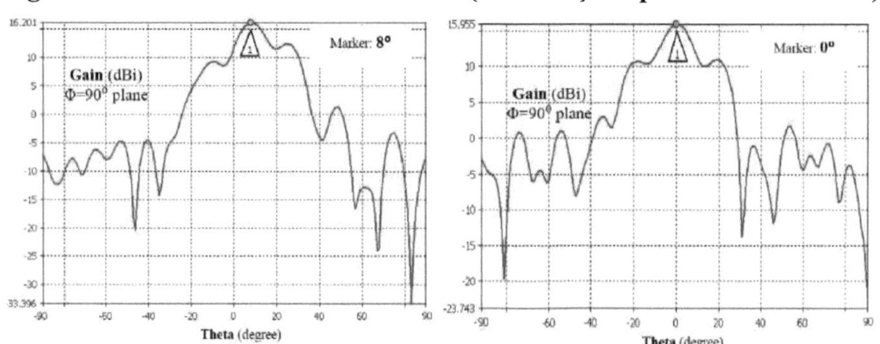

Figura 4.19: Gráfico do ganho do feixe de reflexão 8x8 para um ângulo de alimentação lateral de 5° (a) sem algoritmo de orientação do feixe (b) com algoritmo de orientação do feixe

A figura 4.20 mostra o gráfico de ganho (plano 0=90°) do refletor 8x8 com ângulo de alimentação deslocado de 20° para ter menos lóbulos laterais com o mesmo algoritmo de orientação do feixe de 8°. Observou-se que o nível do lóbulo lateral é inferior até

até -15 dB, mas à custa de uma menor direção do feixe. Concluiu-se, a partir dos gráficos de ganho acima, que o algoritmo de orientação muda com a alteração do ângulo de alimentação de desvio para o mesmo ângulo de orientação do feixe.

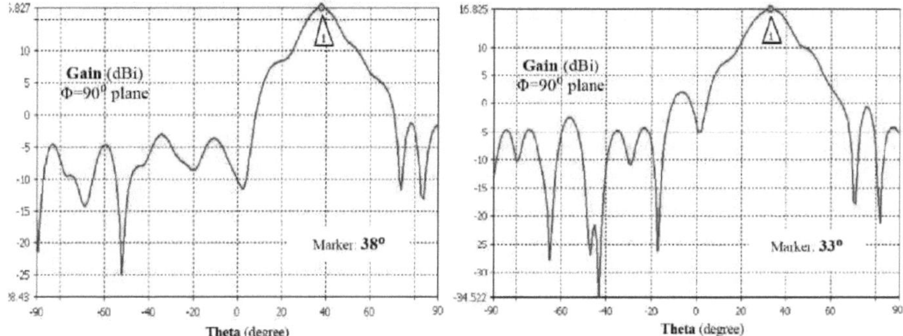

Figura 4.20: Gráfico do ganho do feixe de reflexão 8x8 para um ângulo de alimentação lateral de 20° (a) sem algoritmo de orientação do feixe (b) com o mesmo algoritmo de orientação do feixe utilizado para 5°

Capítulo 5

5.1 Resultados e discussão

5.1.1 Resultados simulados e medidos da antena de alimentação (corneta)

Para simular e medir os resultados da matriz de reflexão, a seguinte alimentação mostrada abaixo, figura 5.1, tem uma largura de feixe comparável à alimentação (Horn) da figura 5.2, que temos no nosso laboratório de Dispositivos e Antenas de Micro-ondas (MDA) no Instituto de Investigação de Micro-ondas e Estudos de Ondas Milimétricas (RIMMS), Escola de Engenharia Eléctrica e Informática (SEECS), Universidade Nacional de Ciências e Tecnologia (NUST), Paquistão.

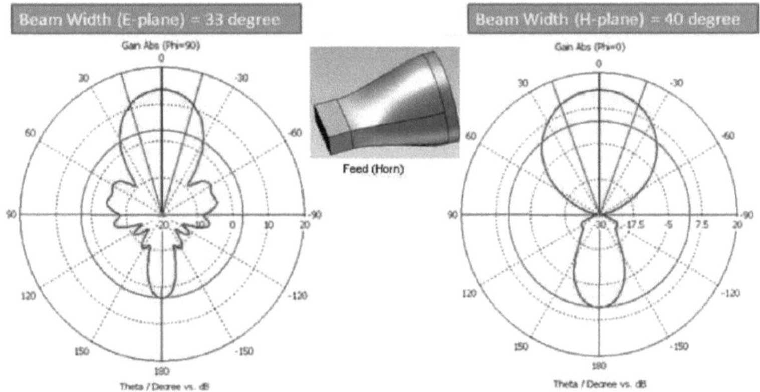

Figura 5.1: Padrão de radiação simulado da alimentação (gráfico polar)

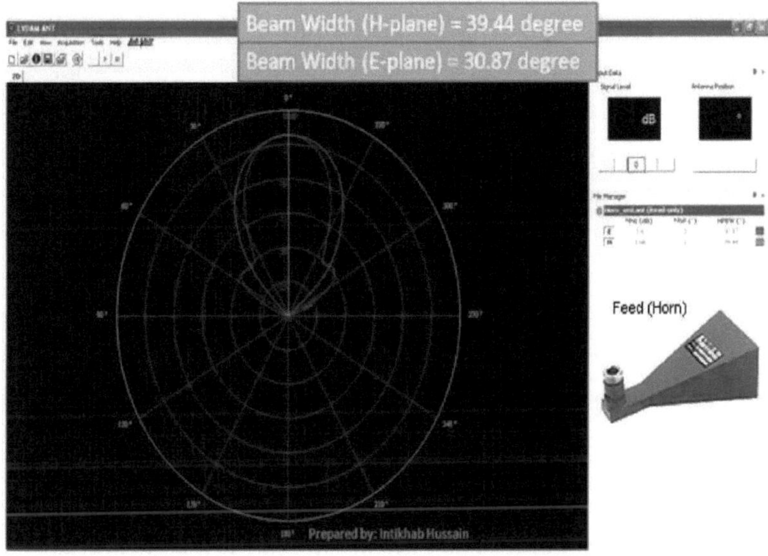

Figura 5.2: Padrão de radiação medido no sistema de aquisição Lab Volt

5.1.2 Resultados simulados da antena de matriz reflectora de microfita ativa/eletronicamente reconfigurável

A Figura 5.3 mostra a colocação relativa do refletor em relação à alimentação. Foi utilizado o valor f/D=1, para evitar de forma óptima o campo esférico da frente de onda e o desperdício de energia. A figura 5.4 mostra as folhas de dados do díodo PIN (MA4GP907) da MACOM e dos condensadores de bloqueio DC (22 pF, embalagem: 01005), utilizados no refletor microstrip. A figura 5.5 apresenta as especificações eléctricas do díodo PIN utilizado. Para o estado ON, o díodo PIN é modelado com resistência e para o estado OFF, é modelado com capacitância. Assim, para simular uma célula unitária ativa, são utilizados os seguintes valores R/C.

State	Value
OFF	22pF + 0.025pF + 22pF → C=2.49433e-14 F
ON	22pF+4.2 Ω+22pF → R=4.2 Ω, C=1.1e-11 F

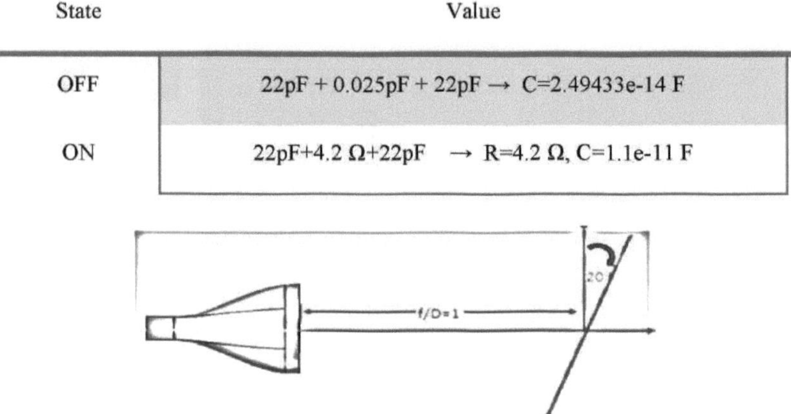

Figura 5.3: Colocação do refletor em relação à alimentação

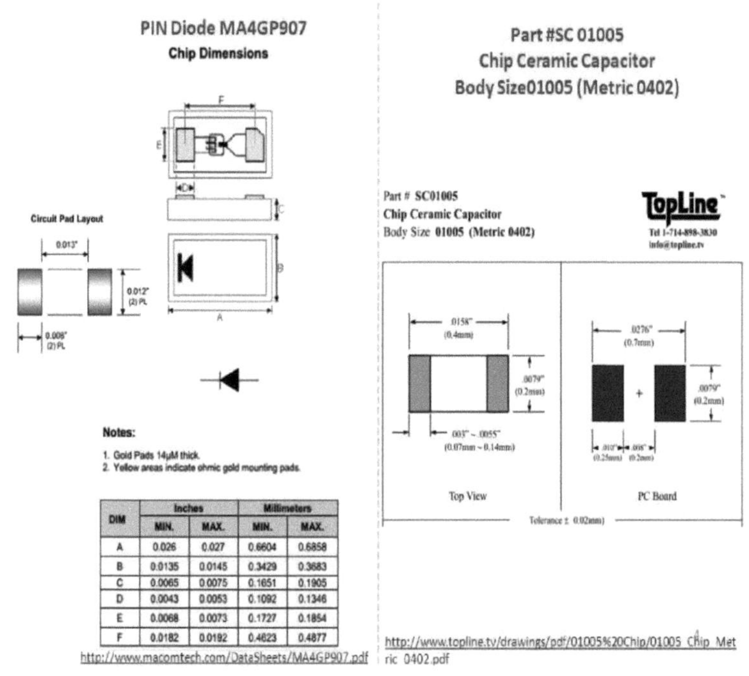

DIM	Inches MIN.	Inches MAX.	Millimeters MIN.	Millimeters MAX.
A	0.026	0.027	0.6604	0.6858
B	0.0135	0.0145	0.3429	0.3683
C	0.0065	0.0075	0.1651	0.1905
D	0.0043	0.0053	0.1092	0.1346
E	0.0068	0.0073	0.1727	0.1854
F	0.0182	0.0192	0.4623	0.4877

http://www.macomtech.com/DataSheets/MA4GP907.pdf

http://www.topline.tv/drawings/pdf/01005%20Chip/01005_Chip_Metric_0402.pdf

Figura 5 .4 Folha de dados do díodo PIN e do condensador de bloqueio CC

ESPECIFICAÇÕES ELÉCTRICAS DO DÍODO MA4GP907

Parâmetro	Valor
Capacitância, C_T	0,025pF
Resistência em série, R_s	4 2Q
Tensão de avanço, V_F (+10mA)	1.33 V (Máx 1,45V)
Corrente de tensão inversa, I_R (V_R =-50V)	Máx lOpA

Figura 5.5 Especificação eléctrica do díodo PIN estado ligado (R_s)/estado desligado (C_T)

As seguintes fórmulas são utilizadas para a direção do feixe:-

$$\beta_x = -k.d_x.Sin\,\theta_o.Cos\,\varphi_o \qquad (2)$$

$$\beta_y = -k.d_y.Sin\,\theta_o.Sin\,\varphi_o \qquad (3)$$

Para

$\boldsymbol{\varphi}$ **=0°** and $\boldsymbol{\theta}$ **= 20°**

d = (15-9.5) mm = 0.0055 m

λ = c/f = 0.0306 @ 9.8 GHz

$\beta_y = 0$

β_x = (2π/λ) *d*sin (**20**) = 21.98

Para o ângulo de direção do feixe de **20°**, é utilizado o seguinte algoritmo. Para cumprir este requisito de direção, foi observada a seguinte configuração de comutação.

Configurações de comutadores	Fase prevista do coeficiente de reflexão (grau)	Fase Observada do Coeficiente de Reflexão (Grau)
1111 1111	23	29.11
1111 1110	3	0.177
0111 1110	-17	-17.57
1111 0111	-37	-40.79
0111 1100	-57	-53.00
1110 0111	-77	-76.05
0001 0111	-97	-92.98
0000 0000	-117	-117.489

A Figura 5.6 mostra o padrão de radiação da antena de matriz reflectora 8x8 simulada, com todos os interruptores desligados ou sem díodos PIN e condensadores de bloqueio DC. $\Phi=90°$ plano mostra o lóbulo principal em $\Theta=38°$. Enquanto a Figura 5.7 mostra o padrão de radiação da antena de matriz reflectora 8x8 simulada, após a aplicação do algoritmo acima.

$\Phi=90°$ mostra o lóbulo principal em $\Theta=35°$. Estes resultados mostram uma direção de feixe de 5° no plano Θ- . A Figura 5.8 mostra o padrão de radiação 3-D de um refletor 8x8 simulado (alimentação de corneta excitada).

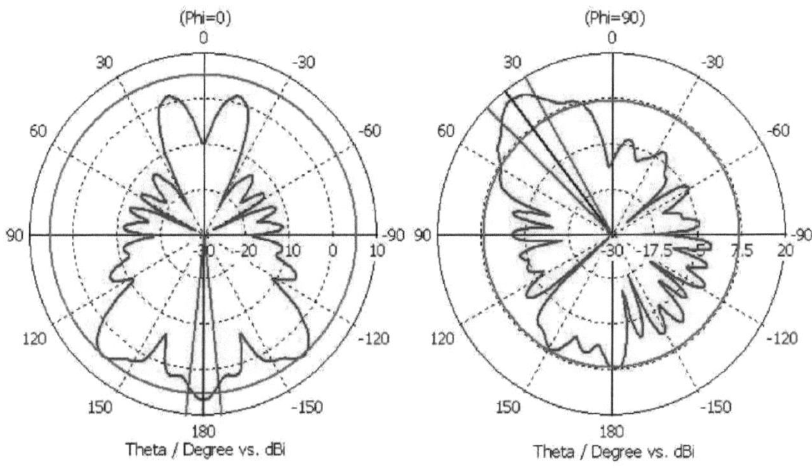

Figura 5.6: Padrão de radiação (gráfico polar), tudo desligado/sem díodos PIN e condensadores de bloqueio DC

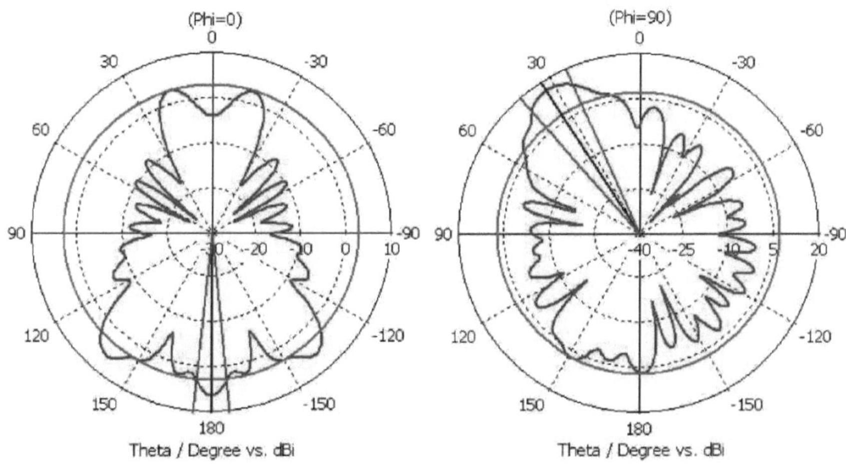

Figura 5.7: Padrão de radiação (gráfico polar), com base no algoritmo acima (ON/OFF)

Figura 5.8: Padrão de radiação (gráfico 3-D), com base no algoritmo acima (ON/OFF)

Devido à indisponibilidade de colocar esses díodos PIN na antena de matriz reflectora de microfita, a orientação passiva do feixe é simulada no CST (Computer Simulation Technology) e a antena de microfita fabricada é testada na câmara anecóica do Research Institute of Microwave and Millimeter-wave Studies (RIMMS), National University of Sciences and Technology (NUST), Islamabad Paquistão. A secção seguinte abordará os resultados simulados e medidos da antena passiva de matriz reflectora de microfita.

5.1.3 Resultados simulados e medidos da antena passiva de matriz reflectora de microfita

O mesmo algoritmo, tal como referido na secção 5.1.2, é utilizado para a antena passiva de matriz reflectora de microfita. Em primeiro lugar, a antena de matriz reflectora é alimentada de fora para dentro (ângulo~20°) com todas as ligações abertas (0000 0000). O gráfico do ganho (dBi) simulado e medido, como se mostra na Figura 5.9 (b), indica o lóbulo principal no ângulo de elevação = 38°. Em segundo lugar, o algoritmo-I (de acordo com a mesma fórmula discutida na secção anterior), como se mostra na figura 5.10 (a), é aplicado para orientar o feixe de 38° para 45° no plano de elevação e, por último, o algoritmo-II , como se mostra na figura 5.10 (b), é aplicado para orientar o feixe de 45° para 30° no plano de elevação. Assim, consegue-se uma direção do feixe de 15°. O estado 0, como indicado na figura 5.10, é obtido mantendo a ranhura aberta, enquanto o estado 1 é obtido mantendo a ranhura fechada.

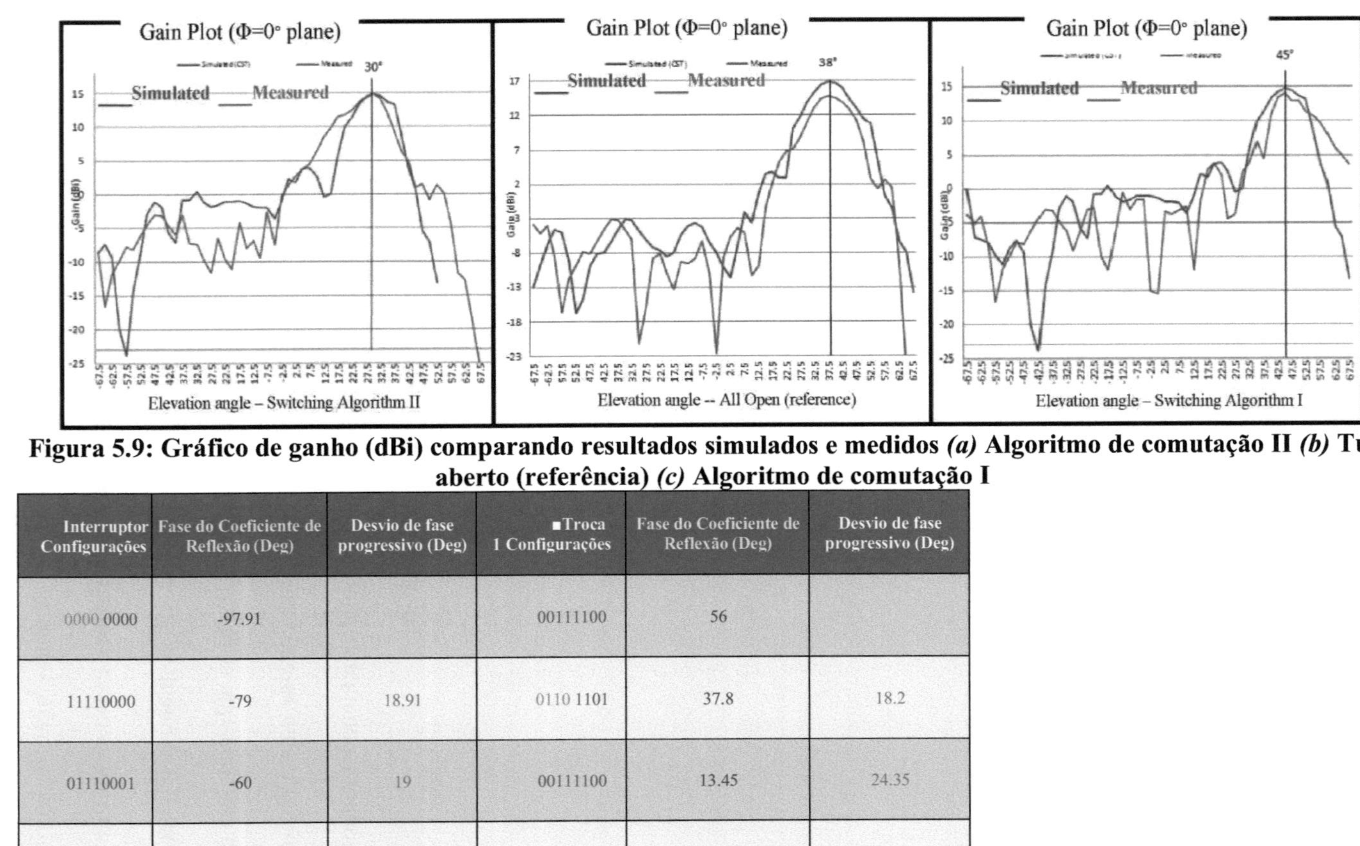

Figura 5.9: Gráfico de ganho (dBi) comparando resultados simulados e medidos *(a)* Algoritmo de comutação II *(b)* Tudo aberto (referência) *(c)* Algoritmo de comutação I

Interruptor Configurações	Fase do Coeficiente de Reflexão (Deg)	Desvio de fase progressivo (Deg)	▪Troca 1 Configurações	Fase do Coeficiente de Reflexão (Deg)	Desvio de fase progressivo (Deg)
0000 0000	-97.91		00111100	56	
11110000	-79	18.91	0110 1101	37.8	18.2
01110001	-60	19	00111100	13.45	24.35
0100 1111	-32	28	01110100	-7.62	21.07

01110100	-7.62	24.38	0100 1111	-32	24.38
00111100	13.45	21.07	0111 0001	-60	28
0110 1101	37.8	24.35	1111 0000	-79	19
00111100	56	18.2	0000 0000	-97.91	18.91

Figura 5.10: ***(a)*** **Algoritmo de comutação I** ***(b)*** **Algoritmo de comutação II**

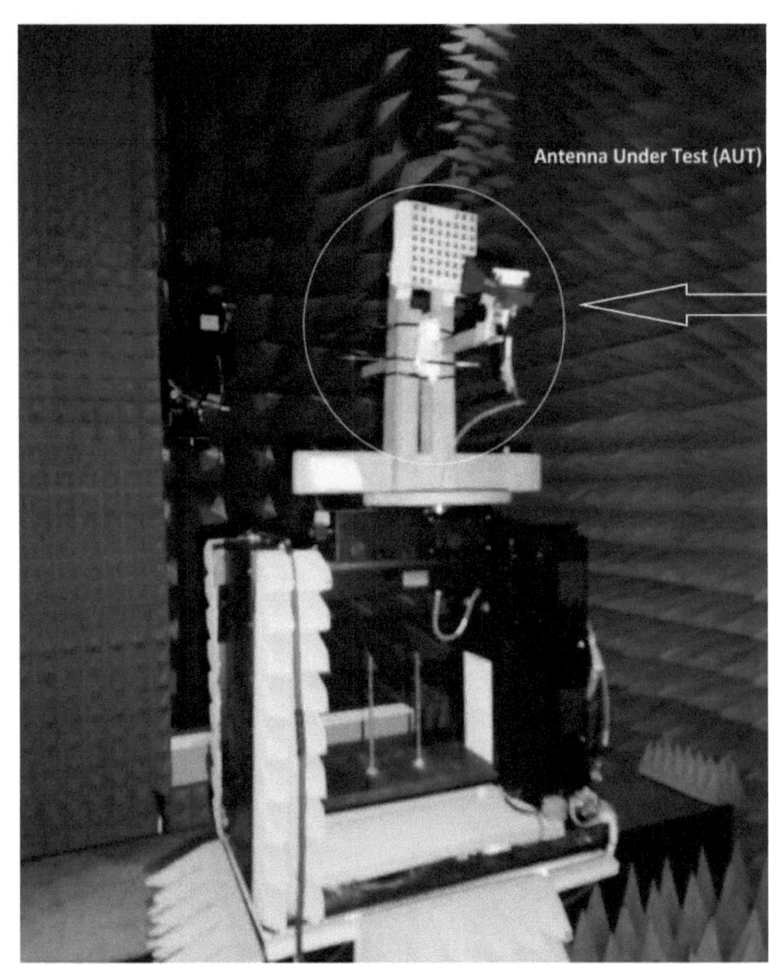
Antenna Under Test (AUT)

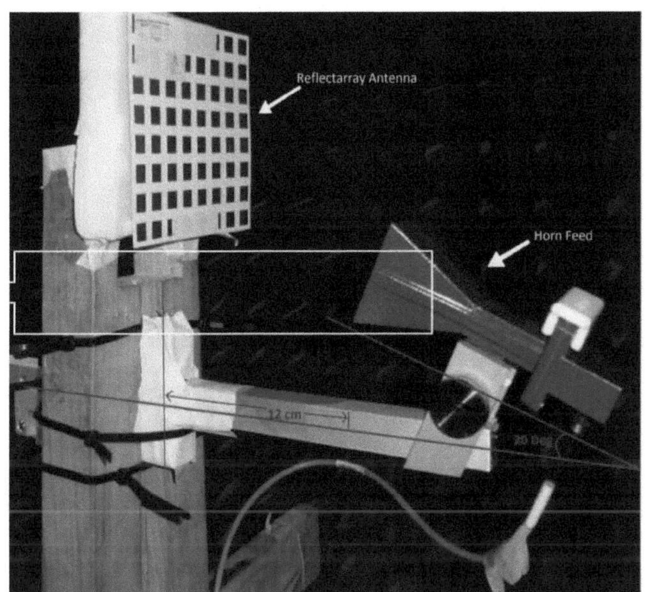

Figura 5.11: Mostra a etapa de ensaio da antena em ensaio (AUT), ou seja, a antena de matriz reflectora de microfita. O ângulo de alimentação é de 20° e está a 12 cm de distância do refletor. O f/D=l e as dimensões do refletor 8x8 são 120mmxl20mm. A seguinte AUT é testada, em câmara anecóica no RIMMS-NUST, em banda X (8-12 GHz).

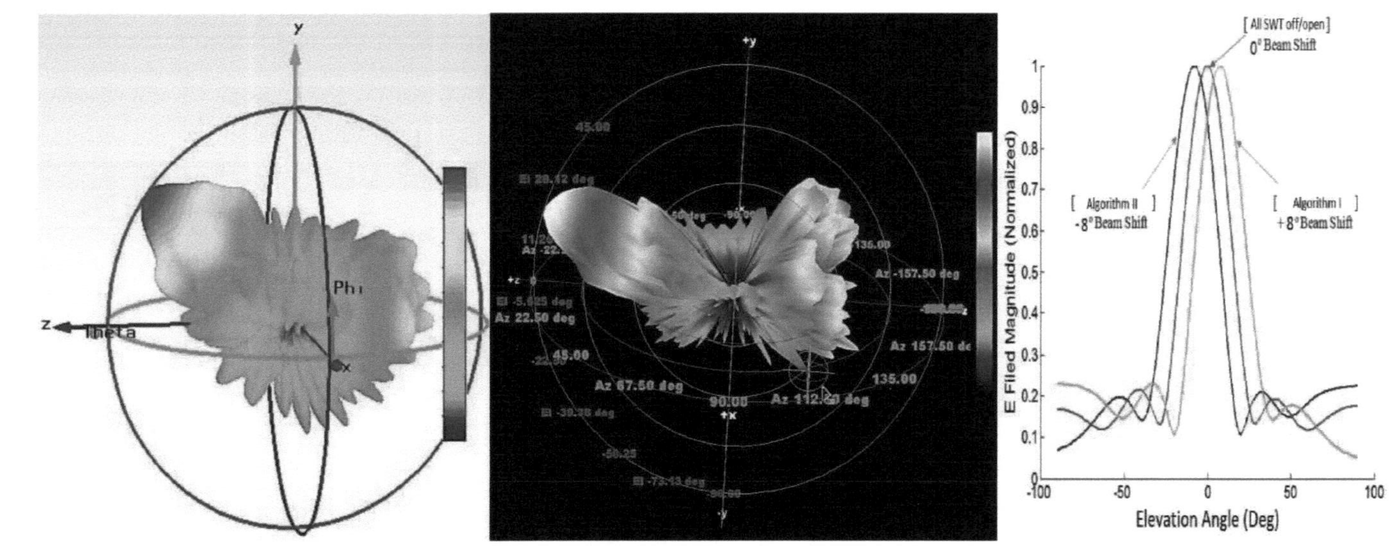

Figura 5.12: ***(a)*** **Padrão 3D simulado da antena de matriz reflectora no software CST** ***(b)*** **Padrão 3D medido da antena de matriz reflectora em câmara anecóica** ***(c)*** **Mostra o campo E para diferentes algoritmos**

A Figura 5.12 (a-b) mostra o padrão 3D da antena de matriz reflectora simulada e medida. A Figura 5.12 (c) mostra a comparação de E-filed para diferentes algoritmos (Todos abertos, Algoritmo-I, Algoritmo-II). É evidente nesta figura que um feixe global de *15-16°* é direcionado no ângulo de elevação.

Conclusões

Neste projeto, são concebidas as seguintes antenas

1) Alimentação (corneta) para excitar um refletor parabólico ou uma antena de matriz reflectora
2) Refletor parabólico para compreensão dos conceitos de f/D, alimentação externa e eficiências
3) Célula unitária reconfigurável de microfita
4) Finalmente, antena de matriz reflectora reconfigurável de microfita 8x8

Neste trabalho é investigada uma antena reflectora 8x8 eletronicamente orientável utilizando díodos PIN, para orientar eletronicamente o feixe até -8° a +8° na banda X. A parte crítica da metodologia de conceção é a conceção de uma célula unitária ativa com grande oscilação de fase e maior número de estados possíveis. O resto é colocar as células unitárias na posição requerida de acordo com o algoritmo de direção do feixe para uma frente de onda prescrita num determinado ângulo de alimentação.

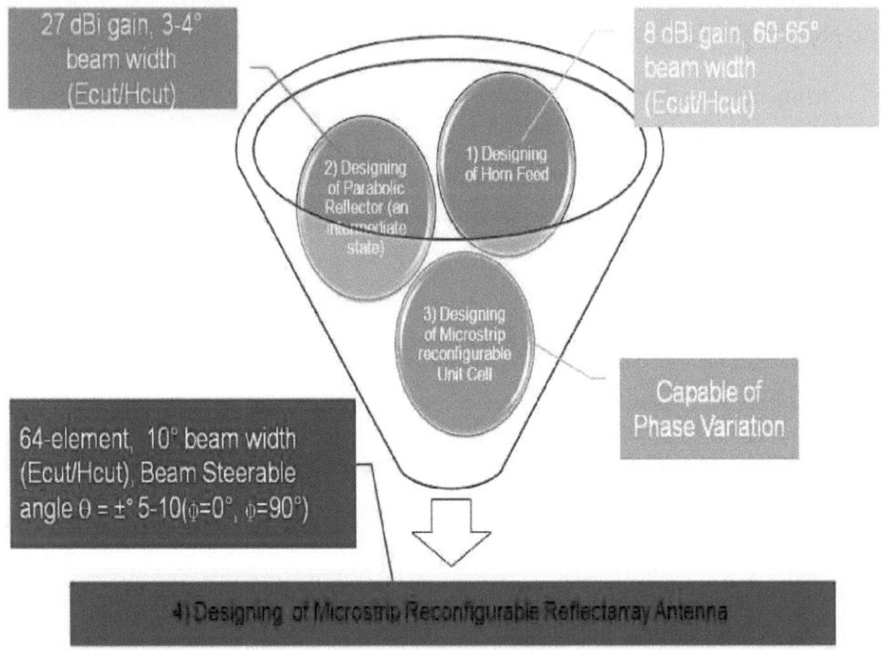

Figura 6.1: Conclusão

Trabalho futuro

Para ter uma direção de feixe e uma largura de banda maiores, é necessária uma célula unitária ativa com oscilação de fase superior a 360°. Para obter uma forma de feixe sofisticada, o direcionamento do feixe deve basear-se na fórmula seguinte, uma vez que esta fórmula tem em conta a frente de onda esférica juntamente com o parâmetro acima mencionado.

$$\phi_R = k_0(d_i - (x_i \cos\varphi_b + y_i \sin\varphi_b)\sin\theta_b)$$

onde,

1 . $\phi_R(x_i, y_i)$ é a fase do coeficiente de reflexão, ou desvio de fase, para elemento *i. d,* é a distância do centro de fase da alimentação à célula.

2 . k_0 é a constante de propagação no vácuo, e (x" y,) as coordenadas do elemento *i*.

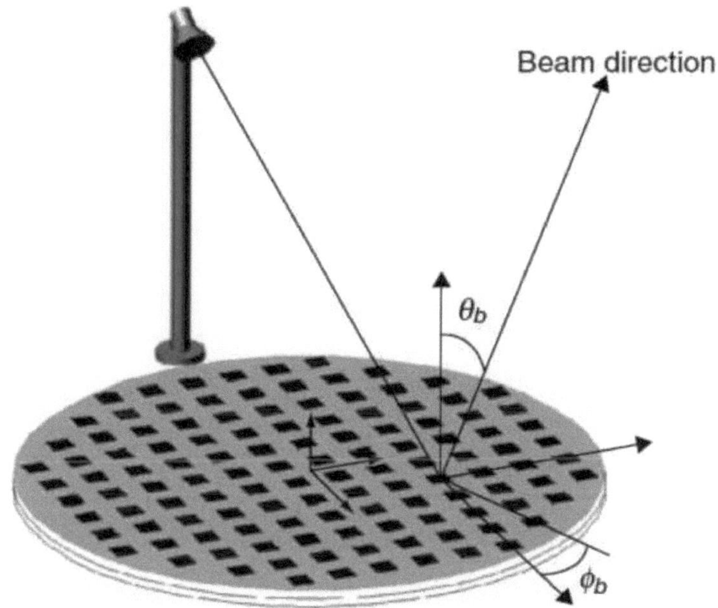

Figura 6.2: Trabalho futuro [1]

Referências

J.Hung; José A. Encinar, "Reflectarray Antennas", John Wiley & Sons, Inc., Hoboken, Nova Jersey 2008

Dau-Chyrh Chang; Ming-Chih Huang, "Polarização múltipla antena reflectora de microfita com alta eficiência e baixa polarização cruzada," Antennas and Propagation, IEEE Transactions on , vol.43, no.8, pp.829,834, Aug 1995

Rajagopalan, H.; Rahmat-Samii, Y.; Imbriale, W.A., "RF MEMS Actuated Reconfigurable Reflectarray Patch-Slot Element," Antennas and Propagation, IEEE Transactions on , vol.56, no.12, pp.3689,3699, Dec. 2008

Carrasco, E.; Barba, M.; Encinar, J.A., "X-Band Reflectarray Antenna Com feixe de comutação usando diodos PIN e elementos reunidos", Antennas and Propagation, IEEE Transactions on , vol.60, no.12, pp.5700,5708, Dec. 2012

Zheng-tao Guan, "Uma antena de matriz reflectora de microfita com as propriedades

de largura de banda larga e baixo nível de lóbulo lateral," Radar (Radar),

2011 IEEE CIE International Conference on , vol.2, no., pp.1168,1171, 24-27 Out. 2011

Tahir, F.A.; Aubert, H., "Efficient electromagnetic simulation of periodic microstrip reflectarrays," Antennas and Propagation (EUCAP), Proceedings of the 5th European Conference on , vol., no., pp.1417,1419, 11-15 abril 2011

F. A. Tahir, "Electromagnetic Modeling of Reflectarray Antennas" (Modelação electromagnética de antenas de matriz reflectora), *Lambert Academic Publisher Alemanha-França*, Ed. Ist, ISBN 978-38473-7485-5 , 2012

Grant, P. D.; Denhoff, M.W.; Mansour, R.R., "A Comparison between RF MEMS Switches and Semiconductor Switches," MEMS, NANO and Smart Systems, 2004. ICMENS 2004. Actas. Conferência Internacional de 2004, vol., n.º, pp.515,521, 25-27 de agosto de 2004

Rajagopalan,H.;Rahmat-Samii,Y., "Reconfigurable reflectarray element caraterização", Antennas and Propagation, 2006. EuCAP 2006. First European Conference on , vol., no., pp.1,6, 6-10 Nov. 2006

ANTENNA THEORY ANALYSIS AND DESIGN by Constantine A

Balanis, Wiley, 2nd edition, 2005, [ISBN-13: 978-0471667827]

Microwave Engineering por David M. Pozar, Jhon Wiley and Sons, 2nd ou 3rd edição [ISBN-9971-51-263-7]

Livro "Antenna" de JHON D. KRAUS

"The Fundamentals of Patch Antenna Design and Performance" (Os Fundamentos do Projeto e Desempenho de Antenas de Retalho) por Gary Breed

www.cst.com

http: //www.radartutorial .eu/06 .antennas/an 14.en. html

http://www.antenna-theory.com/antennas/patches/antenna.php

http: //www.qsl. net/n 1 bwt/chap4 .pdf

http: //www.packratvhf.com/Article 9/Dish Not .pdf

Bird, T.S.; Granet, C.; , "Design of profiled circular hornfeed with high eficiência," *Antennas and Propagation Society International Symposium (APSURSI), 2012 IEEE* , vol., no., pp.1-2, 8-14 julho 2012

Comunicações sem fios por Andrea Goldsmith

Circuitos de RF e Micro-ondas, Medições e Modelação por Mike Golio

Printed by Books on Demand GmbH, Norderstedt / Germany